身边的科学

万物由来

布

郭翔/著

读漫画 / 知常识 / 晓文化 / 做实验

北京理工大学出版社

BEIJING INSTITUTE OF TECHNOLOGY PRESS

图书在版编目（CIP）数据

万物由来. 布/郭翔著.—北京：北京理工大学出版社，2018.2（2018.9 重印）

（身边的科学）

ISBN 978-7-5682-5168-6

Ⅰ. ①万… Ⅱ. ①郭… Ⅲ. ①科学知识—儿童读物 ②服装面料—儿童读物 Ⅳ. ①Z228.1 ②TS941.41-49

中国版本图书馆CIP数据核字（2018）第001977号

带上小伙伴一起走进
布的世界

出版发行／北京理工大学出版社有限责任公司

社　　址／北京市海淀区中关村南大街5号

邮　　编／100081

电　　话／（010）68914775（总编室）

　　　　　　（010）82562903（教材售后服务热线）

　　　　　　（010）68948351（其他图书服务热线）

网　　址／http://www.bitpress.com.cn

经　　销／全国各地新华书店

印　　刷／北京市雅迪彩色印刷有限公司

开　　本／889毫米×1194毫米　1／16

印　　张／3

字　　数／60千字

版　　次／2018年2月第1版　2018年9月第4次印刷

定　　价／24.80元

责任编辑／张　萌

策划编辑／张艳茹

特约编辑／马永祥

　　　　　董丽丽

插　　画／张　扬

装帧设计／何雅亭

　　　　　刘龄蔓

责任校对／周瑞红

责任印制／王美丽

图书出现印装质量问题，请拨打售后服务热线，本社负责调换

开启万物背后的世界

树木是怎样变成纸张的？蚕茧是怎样变成丝绸的？钱是像报纸一样印刷的吗？各种各样的笔是如何制造的？古代的碗和鞋又是什么样子呢？……

每天，孩子们都在用他们那双善于发现的眼睛和渴望的好奇心，向我们这些"大人"抛出无数个问题。可是，这些来自你身边万物的小问题看似简单，却并非那么容易说得清道得明。因为每个物品背后，都隐藏着一个无限精彩的大世界。

它们的诞生和使用，既包含着流传千古的生活智慧，又具有严谨务实的科学原理。它们的生产加工、历史起源，既是我们这个古老国家不可或缺的历史演变部分，也是人类文明进步的重要环节。我们需要一种跨领域、多角度的全景式和全程式的解读，让孩子们从身边的事物入手，去认识世界的本源，同时也将纵向延伸和横向对比的思维方式传授给孩子。

所幸，在这套为中国孩子特别打造的介绍身边物品的百科读本里，我们看到了这种愿景与坚持。编者在这一辑中精心选择了纸、布、笔、钱、鞋、碗，这些孩子们生活中最熟悉的物品。它以最直观且有趣的漫画形式，追本溯源来描绘这些日常物品的发展脉络。它以最真实详细的生产流程，透视解析其中的制造奥秘与原理。它从生活中发现闪光的常识，延伸到科学、自然、历史、民俗、文化多个领域，去拓展孩子的知识面及思考的深度和广度。它不仅能满足小读者的好奇心，回答他们一个又一个的"为什么"，更能通过小实验来激发他们动手探索的愿望。

而且，令人惊喜的是，这套书中也蕴含了中华民族几千年的历史、人文、民俗等传统文化。如果说科普是要把科学中最普遍的规律阐发出来，以通俗的语言使尽可能多的读者领悟，那么立足于生活、立足于民族，则有助于我们重返民族的精神源头，去理解我们自己，去弘扬和传承，并找到与世界沟通和面向未来的力量。

而对于孩子来说，他们每一次好奇的提问，都是一次学习和成长。所以，请不要轻视这种小小的探索，要知道宇宙万物都在孩子们的视野之中，他们以赤子之心拥抱所有未知。因此，我们希望通过这套书，去解答孩子的一些疑惑，就像一把小小的钥匙，去开启一个大大的世界。我们希望给孩子一双不同的看世界的眼睛，去帮助孩子发现自我、理解世界，让孩子拥有受益终生的人文精神。我们更希望他们拥有热爱世界和改变世界的情怀与能力。

所谓教育来源于生活，请从点滴开始。

北京理工大学材料学院与工程学院

教授，博士生导师

精灵布布成长相册

看我穿得多漂亮！聪明的你是不是已经猜到，我就是布精灵——布布？你知道吗？那些漂亮的衣服、柔软的被子、舒适的布艺沙发，甚至航天员穿的航天服，可都离不开我呢！

我在采棉花

我最喜欢剪羊毛

我在参观布料加工厂

我在观察蚕宝宝吐丝

我和布家族的兄弟姐妹在一起

我陪伴着航天员飞向太空

目录

假如生活中没有布

　　看一看你的周围，你会发现生活中布的踪影随处可见，它使我们生活变得既舒适又美观。假如有一天它突然不存在了，将会发生什么呢？

衣服

窗帘

布包

毛巾

抱枕

床单

布艺沙发

长裤袜

帽子

牛仔裤

布玩具

布鞋

布书

雨伞

运动鞋

有布的世界

布的时光隧道

布对我们的生活如此重要，那么布是怎么出现和发展的呢？我们一起穿越时光隧道看一看吧！

2 大约 10 万年前

人类褪去体毛后，开始穿着兽皮、树叶来保暖、遮羞。

1 大约 70 万年前

原始人长有厚厚的体毛，没有任何衣服遮体。

8 1300 多年前

随着唐朝的强盛，布料的花式品种繁多，各种各样的纹饰和印染，让布变得更加华美。此时，还出现了不少新的面料，比如透明轻薄的纱和罗，被制成色彩艳丽的纱衣和披帛，备受人们的喜爱。

7 大约 2100 年前

丝绸作为一种贵重布料，只有贵族才能享用，还作为一种珍贵的礼物赠送给各国。到了西汉时期，张骞出使西域，开通了著名的"丝绸之路"，从此丝绸闻名于世。

11 40 多年前

颜色鲜亮、不易起皱、结实耐用的"的确良"布料传入中国，立刻流行一时。这是一种化学纤维合成的人造面料，又称涤纶。之后，各种人造纤维布料大量进入人们的生活。

12 如今

出现了各种各样融入现代科技的布料新品种，它们将会拥有越来越多的功能。

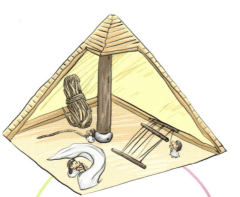

3 6000 多年前

人们利用植物大麻的表皮制成麻线，编织成麻布。

4 5000 多年前

人们学会种桑养蚕，并抽取蚕丝织成丝绸。

你知道吗？我国是最早使用植物染料的国家，远在周朝就已有历史记载。

5 大约 3000 年前

商朝人已经学会将羊毛用于纺织，并用染色的羊毛线编织成彩色条纹的毛织品。

6 大约 2200 年前

到了汉代，人们给布染色的技术已经达到了相当高的水平。人们将茜草、靛蓝、菘蓝、红花等植物做成染料，染出的布五颜六色、非常鲜艳。

9 700 多年前

用棉花织布的技术迅速发展，人们的日常穿着逐渐由麻布改成棉布。

10 100 多年前

外国人大量进入中国，他们带来了新的材料和纺织技术，用机器生产的"洋布"因为质量好、穿着舒适、价格便宜而受到欢迎。

多姿多彩的布世界

每天，我们都会接触到各种各样的布料，有的摸起来很柔软，有的摸起来很光滑，还有的摸起来粗粗硬硬的，这是为什么呢？原来，不同种类的布料都是由纱线织成的，纱线又是由纤维制成的。但是这些纤维却有很大的不同，有的是天然纤维，有的是人造纤维。天然纤维多来自植物和动物，人造纤维则更多来自地下开采出来的石油。正是这些迥然不同的纤维，才让布的种类变得丰富多彩。现在，就让我们来辨认一下吧！

球衣

涤纶——知道吗？这种叫作涤纶的人造纤维和塑料一样，都是用从石油中提炼出来的物质制成的。

女式衬衫

丝绸——蚕吐出丝结成茧，茧经过水煮后，可以抽出细长的丝。把这些丝纺成线，织成丝绸，就能用来做衣服了。

T恤衫

棉布——棉花纺成棉纱，棉纱织成棉布。种植棉花要浇灌大量的水，做一件T恤衫所需的棉花大概要20浴缸的水。

裙子

人造棉——用木浆和棉花的残余物造出蚕丝般的纤维丝，然后制成纱线，再织成面料。

布包

亚麻布——是将亚麻的纤维捻成线后织成的布料。亚麻是人类最早用来抽取纤维的植物。

长丝袜

莱卡——莱卡是杜邦公司研制成功的一种人造弹性纤维，这种纤维可以非常轻松地被拉伸，恢复后却可以紧贴在人体表面，用它织成的袜子穿在身上柔软贴合，非常舒服。

男士西裤

羊毛面料——以羊毛为原料纺织而成的面料。每年，牧民们都会为绵羊剪毛，剪下的羊毛被送往工厂清洗、梳理，纺成毛纱，织成布料。

飞行夹克

尼龙——从石油中提炼出的一种化学物质高聚酯，在高温熔化后能像做棉花糖那样抽出丝来，这就是广为人知的尼龙纤维。用这种纤维织成的面料，耐磨性强，弹力好。

羊绒大衣

羊绒面料——用取自山羊毛根部的绒毛纺织而成的面料。羊绒是一种非常珍贵的纺织原料，享有"软黄金"的美称。

口罩

无纺布——它不是由一根一根的纱线编织而成的，而是将人造纤维直接通过物理的方法像造纸那样黏合在一制成的。所以，当你拿到这种布料时就会发现，是抽不出一根根的线头的。

雨伞

银胶布——是涤纶面料经过涂层加工后的一种布料，就是在面料上涂一层或多层银胶，使面料具有遮光、防水等功能。

种麻制成麻布

　　大约在 6000 年前，一次偶然的机会，人们发现洪水退后，浸泡过的大麻根茎腐烂，表皮却坚韧完好，而且更加柔软。于是，手巧的女人们把这些麻皮收集起来，撕成细缕，编织成布，做成衣服。麻布就这样诞生了！

　　渐渐地，人们发现亚麻、苎麻、黄麻、剑麻、蕉麻等各种麻类植物的表皮都适合用来织布，而且做出来的麻布既耐磨又吸湿、透气。虽然它还比较粗糙、生硬，但相比兽皮或树叶却舒服多了！

　　那么古人是如何将麻做成麻布的呢？

1 人们集中种植各种麻类植物，大量的麻田出现了。

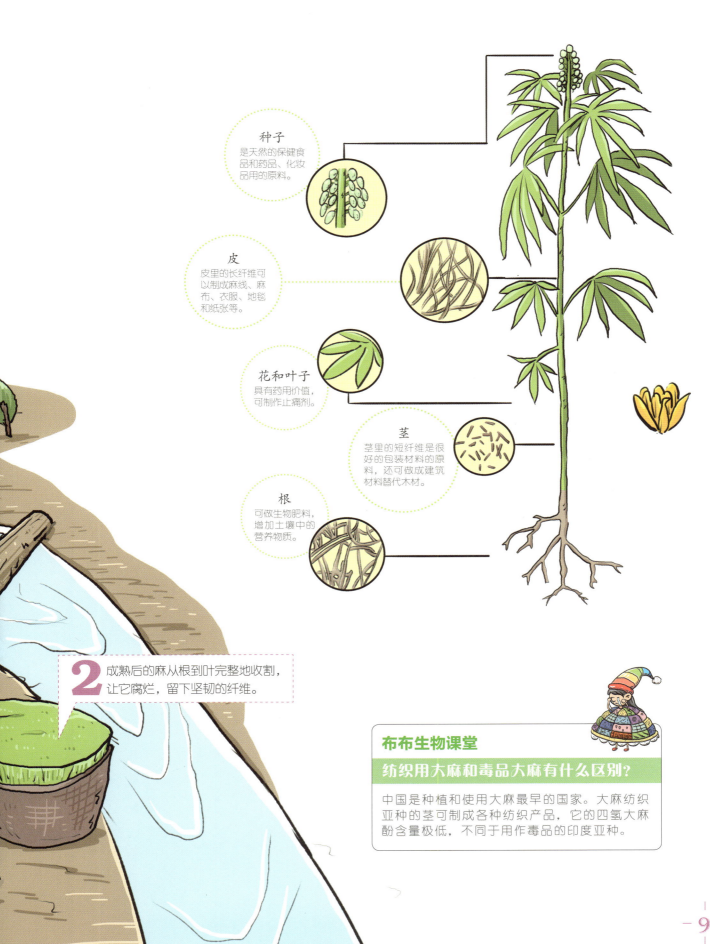

种子
是天然的保健食品和药品、化妆品用的原料。

皮
皮里的长纤维可以制成麻线、麻布、衣服、地毯和纸张等。

花和叶子
具有药用价值，可制作止痛剂。

茎
茎里的短纤维是很好的包装材料的原料，还可做成建筑材料替代木材。

根
可做生物肥料，增加土壤中的营养物质。

2 成熟后的麻从根到叶完整地收割，让它腐烂，留下坚韧的纤维。

布布生物课堂

纺织用大麻和毒品大麻有什么区别？

中国是种植和使用大麻最早的国家。大麻纺织亚种的茎可制成各种纺织产品，它的四氢大麻酚含量极低，不同于用作毒品的印度亚种。

纺轮

纺轮由转盘和转杆组成，最早为石片，后为陶制品。纺轮中的圆孔是插转杆用的，当人手用力使转盘转动时，纺轮自身的重力使一堆乱麻似的纤维牵伸拉细，转盘旋转时产生的力使拉细的纤维捻成线状。在纺轮不断旋转中，将捻过的纱线缠绕在转杆上即完成"纺纱"过程。

3 人们把大麻的表皮剥下来，并放在太阳底下晾晒。

4 将晾晒好的大麻表皮撕成细缕，缠绕在纺轮上，制成麻线。

5 将麻线放入织布机，通过木杆和操纵杆拉紧麻线，从而将麻线纺织成麻布。

腰机

最早的一种织布机，需要织布者席地而坐，用腰带将上面的横木固定在腰部，并用脚蹬在下面的横木上。通过木棍和操纵杆拉紧麻线，以骨针引线穿梭，将线织成布。

6 人们将麻布剪裁后，制成各种衣物。

你知道吗？在16世纪，人们就发现纯亚麻布是最理想的画布，那幅闻名世界的油画《蒙娜丽莎的微笑》，就是画在亚麻布上的。

养蚕织成丝绸

　　中国是发明丝绸最早的国家。传说，远古时代黄帝的妻子嫘（léi）祖发明了养蚕织绸的技术，并且传授给大家。而考古学家们认为，在新石器时期，人们就已经发现并饲养了一种以桑叶为食、能够吐丝结茧的小虫——蚕。他们将这种蚕结的茧放在水中熬煮，就可以抽出连绵不断的丝线，这种丝线细长、柔软，做成的布料光滑、轻柔，比麻要舒服多了！

嫘祖养蚕的传说

相传嫘祖是中国远古时代的帝王黄帝的妻子，她勤劳、贤惠，不仅操持家务，还帮助黄帝处理部落大事。在黄帝战胜蚩尤后，黄帝成了部落联盟的首领。为了让所有百姓都能穿上衣服，嫘祖想尽了办法，为此忧心劳累而病倒了。为了让嫘祖能吃下东西，几个女子上山摘了些鲜果子回来，其中就有桑树结的"白色小果"。可是，这种"小果子"既没有味道，又咬不烂。于是，一位名叫共鼓的大臣建议用水煮。女子们把"白色小果"倒在水里，架起火煮起来。谁知，煮了好一阵，还是咬不动。这时，有人拿起一根细木棒，尝试着在锅里将它搅拌，结果发现木棒上缠着很多像头发丝细的白线。她们边挑边缠，不大工夫，煮在锅里的"白色小果"全部变成了晶莹柔软的细丝线。聪明的嫘祖路过，详细地看了那些细丝线，高兴地对周围人说："这个不能吃，却有大用处。我们可以用它织布！"从此，在嫘祖的倡导下，开始了种桑养蚕的历史。后人为了纪念嫘祖这一功绩，就将她尊称为"先蚕娘娘"。

丝绸是怎么织成的?

作为丝绸的发源地,中国古代的丝绸织造技术一直领先于世界各国,而生产丝绸的方法也被保密了 2000 多年。所以在很长一段时间内,中国都是唯一能够生产这种贵重布料的国家。到了西汉时期,张骞出使西域,开通了著名的"丝绸之路"。这样,中国的丝绸和桑蚕养殖技术才逐渐通过"丝绸之路"传到了其他国家。

那么,古代人是怎么织成丝绸的呢? 一起来看看吧。

你知道吗? 想要织出精美的丝绸,需要几十道非常复杂的工序,可不是那么简单的哦。

1 养蚕收茧

人们将桑叶切成细条喂养新生的幼蚕,并定时更换干净的竹箩。蚕成熟后,就会吐丝结茧。然后,人们将结成的茧收起来并挑选。

2 烘茧

将挑选好的茧放置在竹条编织的垫子上,并在地面摆放炭火烘烤,可让蚕丝变得干燥而经久不坏。

3 缫丝

将挑选好的蚕茧放入沸水中熬煮,用竹签搅动,变松的蚕茧就能抽出一根根蚕丝,然后缠绕在缫丝车上纺成丝缕。

4 绞丝

将丝线套在绞丝车上,包紧、拉直,然后转动一定圈数,取下后扭绕成一束束的丝线。

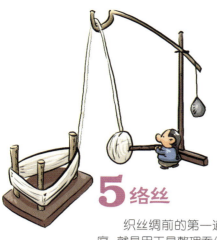

5 络丝

织丝绸前的第一道工序，就是用工具整理蚕丝。将整束的丝线缠绕在一根绕丝棒上，形成圆滚滚的丝线球。

6 并丝和捻丝

并丝是将两根或两根以上的单丝合并成一根股线，从而可获得一定粗细的丝线。捻丝是对丝线进行加捻，让丝线变得更光滑，提高丝线的强力和耐磨性等。

7 卷纬

丝绸在纺织前，需要将绕丝棒上的丝线分成经线和纬线，这样才能在织布机上编织。做纬线时，先用水将绕丝棒上的丝淋湿浸透，再通过手摇纺车将丝卷绕在一个木头梭子上作为纬线。

轴架式牵经   经耙式牵经

8 牵经

做经线时，可以用轴架式牵经和经耙式牵经两种方法，将卷丝棒上的丝线，按成品尺寸均匀地卷绕成需要的规格。

9 织绸

将经线和纬线分别放置在织布机上，通过上下纵横交错的方式织成平滑的丝绸。通过一些复杂的工艺，还可以织出各种精美的花纹和图案。

10 印染

一些白色的丝绸通过染色和印花后，可以让丝绸变得五彩缤纷。

探秘现代丝绸的制作

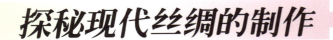

你穿过丝绸的衣服吗？是不是滑滑的很舒服？那么，你一定很好奇，现在的人们又是怎么养蚕制作丝绸的呢？一起去看一看吧。

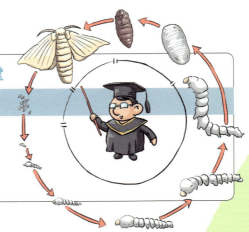

布布生物课堂

蚕的一生

蚕的一生要经过卵、幼虫、蛹、成虫四个生长阶段。

1

蚕宝宝从蚕卵里孵化出来，人们给这些小幼虫喂切得很细的桑叶。

2

20 天到 35 天，幼虫长到大约 9 厘米长，皮肤也变成粉白色。

3

人们往每一个格子状的蚕架里放进一只蚕，蚕不断地从下巴上的腺体里吐出丝线，将自己包裹起来。

4

现在，蚕的幼虫已经完全包裹在白色的茧中，称为"蚕蛹"。蚕丝上附带有一层黏黏的物质，叫作"丝胶"。当丝胶暴露在空气中时会变硬。

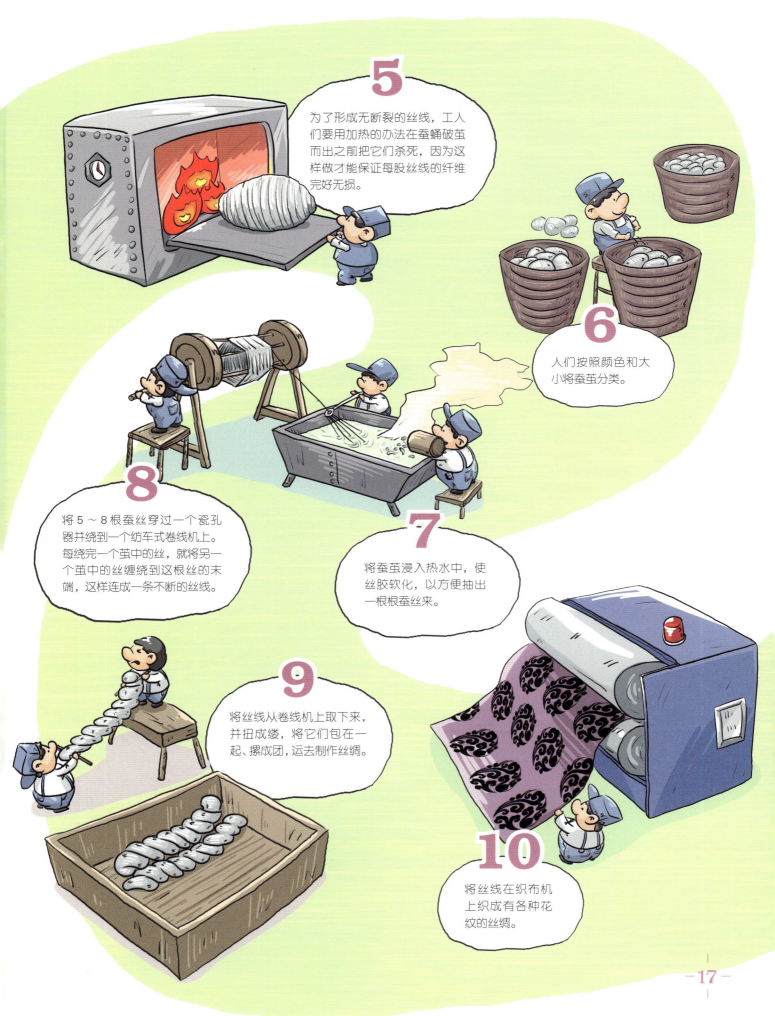

剪羊毛织成布

你一定很好奇，为什么羊身上的毛总是要被剃掉呢？其中一个原因就是为了得到羊毛。其实，早在在新石器时代，人们就开始收集羊毛了，他们发现用手将羊毛搓成长条状，制成毛线，可以织成布。羊毛的纤维柔软而富有弹性，用它织成的布保暖性非常好。为了得到更多的羊毛，人们开始驯养成群的野生绵羊，同时也获取了羊奶和羊肉。

那么，羊毛是如何变成布的呢？

1 剪羊毛

每年春天，工人开始剪羊毛，他们将羊蹄紧紧捆在一起，用电动剪刀剪除羊毛。

2 分羊毛

将质量最好的羊毛（从肩部到身体两侧的毛）挑选出来。

布布自然课

羊毛与羊绒的区别

通常所说的羊毛出自绵羊身上，即使很细，也叫它羊毛，而不叫羊绒。只有出自山羊身上的绒才叫羊绒，也就是山羊绒。羊绒是生长在山羊外表皮层，掩在山羊粗毛根部的一层薄薄的细绒，入冬寒冷时长出，抵御风寒，开春转暖后脱落，属于稀有的特种动物纤维。

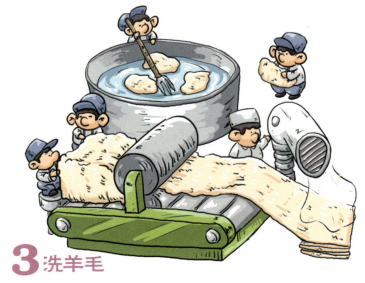

3 洗羊毛

将羊毛放进一个冲洗池内，洗去羊毛上的杂草、泥土、油渍和汗渍，然后用滚筒挤掉大部分的水。这样，洁白蓬松干净的羊毛就诞生了。

纱是经过捻（拧）紧的纤维或丝。
线是几根纱纺成的不间断的长绳状丝，拉伸强度最高。

条子

4 制造毛条

将羊毛送入梳齿机，金属齿轮的滚筒会将羊毛纤维拉直、清理，形成长长的带子，这种带子称为"毛条"。

粗纱

5 把毛条纺成线

毛条在细纱机上进行压缩、牵伸并拧绕，形成铅笔粗的一股"粗纱"。接着，将粗纱纺成线并绕在线轴上。

线纱

6 染色

把线轴上的线放入染缸中，进行染色。

7 纺织

当染了色的线干透后，就可以用织布机制成呢绒、毛毯、毡呢等各种纺织品。

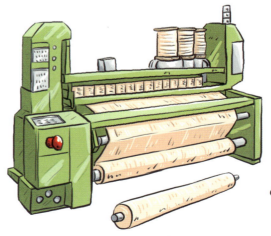

采棉花制成棉布

你一定想象不到棉花还曾被插在花瓶里吧？原来，在古代，人们很早就发现棉花可以织成布，但处理棉花需要浪费大量的时间和精力，所以人们宁愿把棉花种在花园里当作"花"来欣赏。直到元代杰出的棉纺织家黄道婆创造出一套先进的棉纺工具和纺织技术，棉布才开始得以普及。特别是到了明朝以后，棉布的产量越来越多，价格也不再昂贵，这样棉布终于成了人人都穿的衣料。

手摇轧棉车
一种轧出棉籽的工具，由黄道婆设计，这样就不用费时费力地手工剥掉棉籽了。

弹棉花
去籽后的棉花还很紧实，需要将棉絮弹得蓬松，并去掉混在其中的杂质。

木制绳弦大弓
黄道婆设计的长达四尺有余的弹棉花工具，加快了弹棉的速度。

织布机

纺纱车
将棉絮纺成纱线的工具。黄道婆将脚踏纺车改进为三锭纺车,大大提高了棉纺织的效率。

布布历史课堂

布神"黄道婆"

黄道婆小的时候被卖给有田地的人家为童养媳,过着苦难的生活。后来因为无法忍受婆家的折磨,黄道婆逃到了海南的崖州,并被此地的黎族人收留。黎族是一个心灵手巧的民族,在纺织方面拥有比较先进的技术。黄道婆在与黎族人民长期相处和共同劳动中,学习到了他们的纺织技术,并以此改进了纺织工具和技术。后来黄道婆因为怀念故乡而回到乌泥泾,便慷慨地将自己的技术传授给家乡的人民,从而极大地推动了棉布业的发展。

棉布是怎么织成的？

那么我们现在用的棉布又是怎么织成的呢？自 18 世纪后期，欧洲国家开始发展动力机器纺织，大量"洋纱""洋布"开始进入中国。受此冲击，我国传统的手工棉布纺织技术逐渐被淘汰，人们不再使用木制的纺纱车和织布机，而是改用现代化的机器生产，使得棉布的种类更多。现在我们就去看一看吧！

1

棉花采摘机小心地将棉花摘下来。

布布历史课堂

棉花的生长过程

1 出苗

2 开花

3 结出棉桃

4 吐出白絮

2

棉花被运到轧棉厂，轧棉机将棉籽和其他杂物从棉花纤维中去除，并进行清洁和干燥。

棉花纤维

泥土和叶子

3

将棉花纤维打成包，运往棉纱加工厂。

棉纱加工厂

4

工人们用机器将棉包中的棉花混合、清洁，并做成一个个棉垫。

8 将纱线浸入一个盛有淀粉液体的池子里,让它变得更结实。

9 干燥后的纱线,放入有染料的染缸里进行染色,干燥后即可送往织布机。

10 现代织布机已经完全实现了电脑操控,主控程序里存有上千种花色,只要输入相关数据,选择好花色图案,机器就可以自己运作,织造出各种花色和种类的棉布来。

不可思议的人造布料
像丝一样滑的人造棉

在你家的衣柜里，有没有一些人造棉衬衫、礼服或裙子？它们摸上去那么柔软，你可能不会猜到它们是由木头碎片、废弃棉绒等做成的吧！事实上，人造棉是在19世纪的法国作为丝绸的替代品被创造出来。当时蚕发生了瘟疫，所以人们想出了一个救急的办法，仿造出了这种蚕丝般的人造纤维。而且，随着科技的发展，越来越多的人造纤维取代了传统天然纤维，制造出了更多令人惊奇的人造布料。

人造棉的制作过程

1 将木屑、芦苇、棉绒等压缩制造成纯纤维板，作为人造棉的原料运送到布料厂。

2 工厂将纤维板浸入烧碱池中，浸泡后用粉碎机粉碎。

3 将碎片与二硫化碳凝结在一起。

4 将凝结物放在烧碱池里溶解，搅拌生成黏稠的液体，再沤上三五天，直至全部溶解。

5 将过滤后的液体沿着管道输入一个酸液池中，然后从沐浴喷头一样的喷嘴小孔中喷出，喷出来的液体遇酸就会硬化成一条条细丝。

6 将细丝集合成束，并拧绕成单股丝，然后拉伸，让它变得更结实。

7 将人造丝剪短，变成短纤维，与自然界的棉纤维相似。

布布历史课

人造棉是谁发明的？

19 世纪，法国蚕业惨遭蚕病打击，丝绸加工业受到重创。为了补救损失，法国人康特·赫莱尔·德卡东奈用碎木屑与废弃棉绒仿造出蚕丝般的纤维，制造出了新的布料。这种新型纤维被称为人造棉。人造棉的纤维更匀称，织成的布手感更细腻，造价更低廉。同时，它兼具棉布的透气、吸湿的优点。

8 将制成的短纤维清洗干净、漂白并干燥，送去拧绞制成纱线，纺织成布。人造棉布就诞生啦！

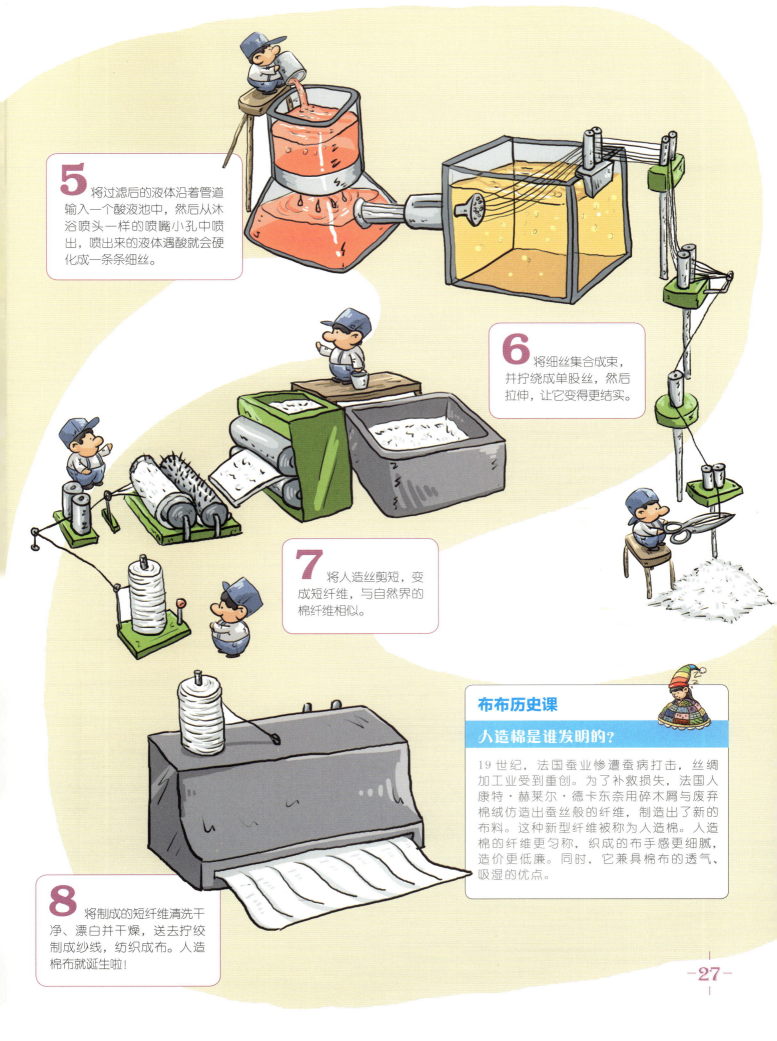

没有皱褶的涤纶布

你有没有发现棉布裤子和涤纶裤子被洗衣机甩干后不一样吗？棉质面料的裤子满是皱褶，而涤纶面料的裤子则非常平滑，不用熨烫就可以穿了。为什么涤纶布不容易起褶呢？因为涤纶布是由抗皱性好的人造纤维涤纶制成的，用它织成的面料非常平滑。现在，就让我们去看一看涤纶布是怎么制成的吧！

1 将制作涤纶原料的几种化学物质倒入加热池中，不断地搅拌并加热。

2 混合物通过挤压形成长条状的带子。

3 带子经过冷却后，被剪成小碎块，干燥并存放起来。

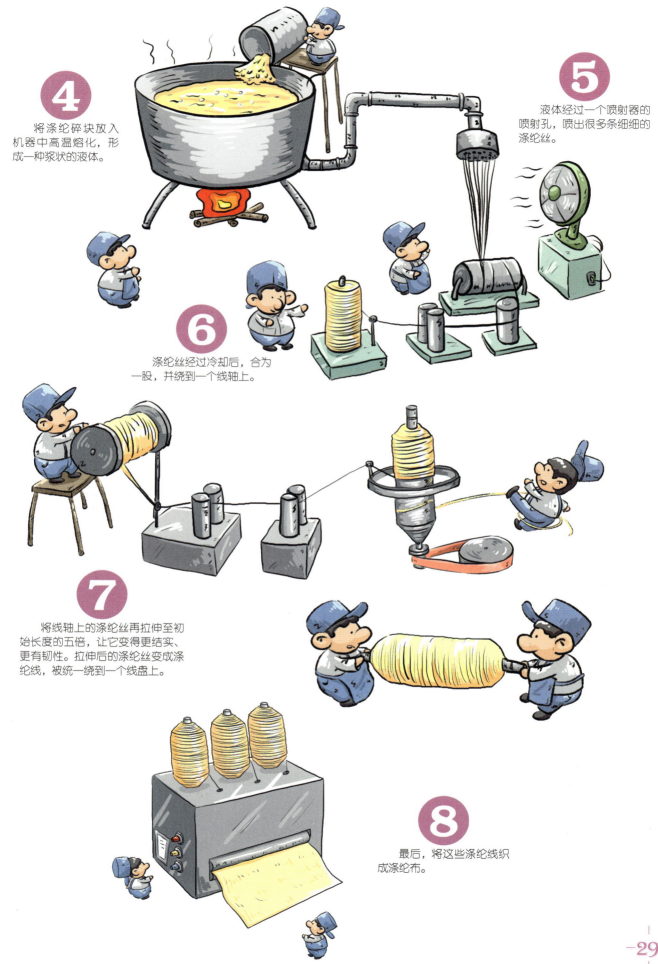

4 将涤纶碎块放入机器中高温熔化，形成一种浆状的液体。

5 液体经过一个喷射器的喷射孔，喷出很多条细细的涤纶丝。

6 涤纶丝经过冷却后，合为一股，并绕到一个线轴上。

7 将线轴上的涤纶丝再拉伸至初始长度的五倍，让它变得更结实、更有韧性。拉伸后的涤纶丝变成涤纶线，被统一绕到一个线盘上。

8 最后，将这些涤纶线织成涤纶布。

布料的美丽蜕变

经纬交错的织布方法

经线

纬线

布料的经线和纬线

布是怎么织成的呢？布是由线交错编织而成的，大部分的布料是用十字形交叉的编织方式，也就是将两组线组合在一起，一组是纵向的经线，一组是横向的纬线，将经线、纬线一上一下地交错编织，从而织成一匹布。

后来，人们又发明了很多不同的编织方法，让布料的花纹和种类变得丰富多样。随着机器设备的发明，古老的手工编织渐渐被淘汰，现在由电脑控制的织布机能以惊人的速度织出复杂的布料来。

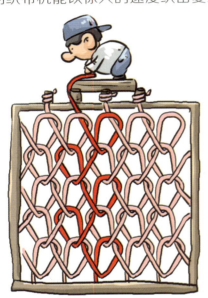

经线编制

纬线编制

1 针织法

利用针将纱线弯曲成环状，互相套接而成的织法，可以横向或纵向进行。我们日常使用的毛巾就属于这种织法。

2 平织法

最基本的一种织法，将经线、纬线一上一下交错编织。

纬线

经线

3 斜纹织

织出来的布相当强韧，我们穿的牛仔裤大部分就是用这种织法织出来的布做的。

4 提花织法

利用提花机编织出各种不同图案的布，具有立体效果，非常精美，常用来制作窗帘。

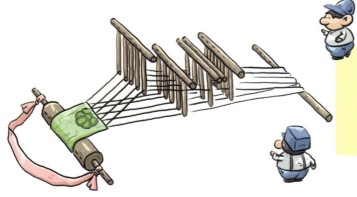

古代提花机
提花机是中国人的伟大发明，在 11—12 世纪传到欧洲。

给布染上缤纷的颜色

织出来的布如果只是一种颜色，那就太单调了。怎么给布染上颜色呢？现在的人们大多使用人造染料，它们是由一些化学物质加工而成的。可是，在古代没有这些染料怎么办？那时的人们发现了天然染料，这些天然染料大多是取自植物、动物或是矿物。其中最多的是采用植物染料，人们将植物捣烂，加以熬煮，再将布料放入浓稠的汁液中浸泡，这样布料会吸收染料，从而变成各种颜色。

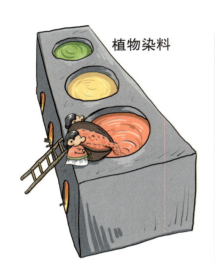

植物染料

1 红色

茜草

红花

苏木

茜草——其根部可提取暗土红色染料，是我国文字记载中最早的红色染料。

红花——原产自西域，晒干后是红色染料，可以得到鲜艳的正红色。

苏木——颜色比茜草鲜艳，制作方法比红花简单。在不同酸碱度下，会显示不同色调的红色。

2 黄色

栀子花

槐花

姜黄

栀子花——栀子的花朵可以提取色素，得到鲜艳的黄色。

槐花——花蕾煮沸处理，可提取黄色染料。

姜黄——加入明矾、草木灰等，可调配成各种黄色。

3 蓝色

马蓝

菘蓝

蓼蓝

马蓝——茎叶可加工成蓝色染料，又被用作药材，制成中药"板蓝根"。

菘蓝——将叶子放入水中浸泡处理后，可提取靛蓝染料。

蓼蓝——叶子晒干后，加石灰水沤制，沉淀物是蓝色的，即可用于染布。

古代的正红色是怎么提取的?

最初，人们并不能调配出鲜艳的正红色，崇尚红色的皇帝很不满意。直到出使西域的使者带回了一种红花，经过工匠们反复进行提取实验，终于成功提取出了皇帝想要的正红色。这种红花染色技术在古代曾被严格保密，特别是色素的提取方法，直到魏晋南北朝时，红花才成为流行染料。

1 将采摘来的红花用石棒捣烂。

2 用清水浸泡。

3 倒入布袋，挤出黄汁。

4 用发酸的淘米水反复淘洗，进一步去除染料里的黄色素。这样就可以得到鲜艳的红色素。

动物染料

胭脂虫——寄生在多刺的仙人掌上，它的分泌物可以制成红色颜料。

布布生物课堂

"青出于蓝而胜于蓝"的由来

古文有"青出于蓝胜于蓝"，"青"是指深蓝色，"蓝"不是指颜色，而是指蓼蓝这种植物。意思是：青色是从蓼蓝中提炼的，但是它比蓼蓝的颜色更深。

给布印上美丽的花纹

你发现了吗？那些布料除了缤纷的色彩，还印有美丽的花纹。那么这些花纹是怎么印上去的呢？在古代，中国人通过将木板刻上花纹，然后涂上染料的方式，把花纹印到布料上。而现代的印染技术则更加方便，人们可以通过电脑输入复杂的花纹，然后通过打印机直接打印在布料上，呈现出各种缤纷的图案。现在，就让我们一起去看看流传了1300年的蓝印花布是怎么印染的吧？

1

将豆面或石膏倒入缸中，搅成白色糊状的防染浆。

2

把白布放入水中浸泡。

4

从水中捞出白布，将刻好花纹的硬油纸铺在白布上。

3

在硬油纸上，用刀刻出花、鸟、虫、鱼等图案。

5

用刮刀蘸着防染浆印制图案。白色的浆通过油纸上镂刻的花纹，渗入布料，形成花纹。

6

将印好图案的布料投入装有蓝色染料的染缸中洗染。

7

洗染好的布料挂在高高的木架上晾干。

8

干透后，剥落图案上的白色防染浆，一块美丽的蓝印花布就做好了。

把布料裁成衣服

你知道一匹匹漂亮的布是如何制成一件件漂亮的衣服的吗？一起到制衣厂去看一看吧！

1 设计师根据衣服的设计图，挑选合适的布料。

2 打版师按照设计图，画出衣服各个部分所需布料大小的分解图。

3 按照分解图，布料被裁成小块，并缝制成样衣。

4 设计师根据样衣来确认款式是否需要调整。

5 样衣确认后，立刻将分解图数据输入电脑中，再由绘图机绘出纸板。

6 把纸板放在数层布料的上端，固定后，用裁刀进行裁剪。

7 将裁好的布片缝制成衣服，并加上装饰品。

8 做好的衣服必须一件件仔细检查。

9 通过检查的衣服，必须整理烫平，再加上标签包装好。这样，一件漂亮的衣服就做好了！

探秘航天服

　　当航天员遨游在太空中时，总是要穿上特制的航天服来保护生命安全。其实，在航天服中，有很多具有特殊功能的布料。那么对于神秘的航天服，你是不是很好奇，有很多疑问呢？一起来探秘吧，用你的聪明才智来判断哪些是真、哪些是假。

 航天服的作用是保护航天员的生命安全。
离开地球，进入太空，就进入了真空环境中。在真空环境中，血液中的氮气会变成气泡，血管会因此爆裂。因此，如果不穿加压密封的航天服，航天员就会有生命危险。此外，航天服在供氧、排便、高低温应对、太阳辐射防护上真的有一手！正是它，保护了航天员的生命安全。

航天服可以像寻常衣服一样一直穿到坏为止。
在穿的过程中才发现航天服损坏，就为时已晚啦，航天员可能会为此付出生命代价。目前，航天服一般有15年的"保质期"。实际上，由于航天服十分昂贵，的确有航天员穿着"过期"的航天服执行太空行走任务，曾经还有航天员因为穿过期的航天服，差点发生意外。

在航天服里可以自由大小便。
小便的确可以。航天服配备了尿抽吸装置，可以利用管道将尿液排到衣服外面，衣服内照样清爽干净。至于大便，目前还真不行。别为航天员的大便问题担心了，舱内可以解决啊。

 穿好一身航天服需要1小时。
在"阿波罗时代"穿好一身航天服需要1小时，现在穿航天飞机用航天服（包括生命保障系统在内的舱外机动装置）只要10～15分钟就足够了。

穿上航天服就可以出舱活动了。 ✗

即使穿着航天服，进入太空活动前，航天员还要先做准备工作——必须呼吸纯氧4个小时，或在气压为0.69毫米汞柱的舱内待上大约12个小时，然后再呼吸纯氧40分钟。这样做的目的是将体内的氮气排出，同时使身体适应低压环境。你还记得氮吗？对！就是那个气压不对就会变成气泡的气体。

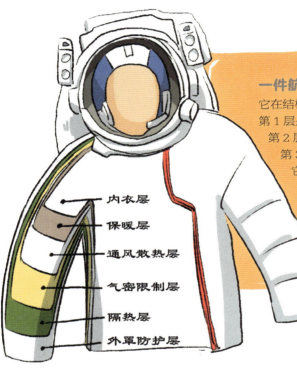

内衣层
保暖层
通风散热层
气密限制层
隔热层
外罩防护层

一件航天服有6层。 ✓

它在结构上的确分为6层。

第1层是内衣层，用纯棉布制成。

第2层是保暖层，多为羊毛、丝绵等。

第3层是通风散热层，是由很长的微细管道连接在衣服上制成的，它可以把人体产生的热、水和气味带出去。

第4层是气密限制层，用涤纶（聚酯）制成，可承载内部余压。

第5层是隔热层，航天员在舱外活动时，隔热层起过热或过冷保护作用。

第6层是外罩防护层，就是我们看到的航天服的最外一层。

与航天服配套的还有头盔、手套、靴子等。

航天服是量身定做的。 ✓

曾经，航天服是根据航天员的身高体重定做的，而且一件航天服只能用一次。如今，则根据人体外形把航天服分成几部分，然后批量生产几种尺寸。航天员只要从中选择合身的各部分加以组合，就可得到一套合身的航天服了。

让废布料重生

你发现了吗，那些废旧的衣服和布料常常被人们扔掉，造成了很大的浪费。其实，那些废旧的衣服和布料完全可以通过再加工的方式，制成有趣的布偶、布包等手工艺品。或者通过回收送到工厂，加工成纤维，重新制成布料。那么被回收的废旧衣服和布料是怎么变废为宝的呢？

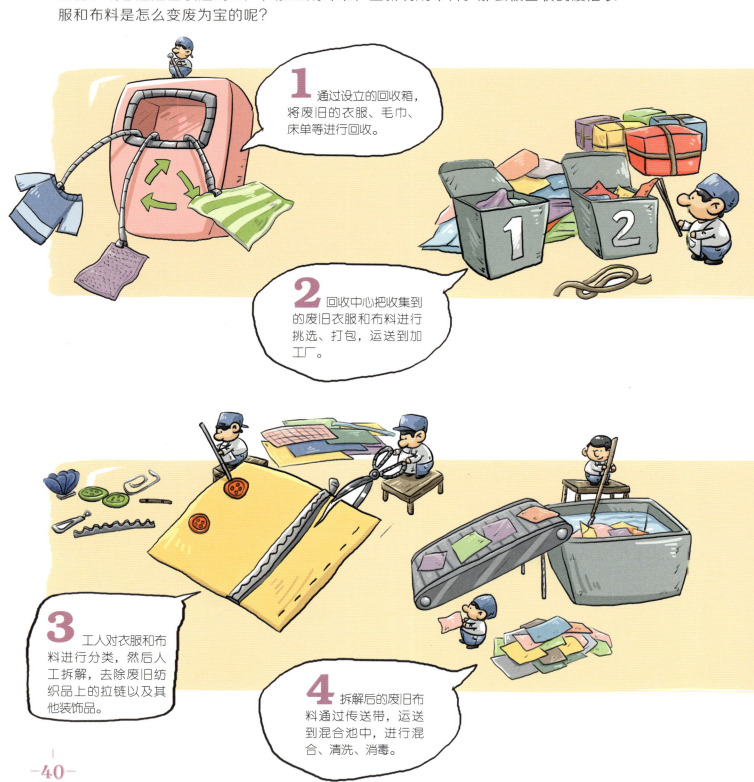

1 通过设立的回收箱，将废旧的衣服、毛巾、床单等进行回收。

2 回收中心把收集到的废旧衣服和布料进行挑选、打包，运送到加工厂。

3 工人对衣服和布料进行分类，然后人工拆解，去除废旧纺织品上的拉链以及其他装饰品。

4 拆解后的废旧布料通过传送带，运送到混合池中，进行混合、清洗、消毒。

5 布料被放入粉碎机中，粉碎成小块。

6 在碎布料的混合物中加入化学物质，制成布料纤维。这些纤维分为两种，一种是可以纺成纱线的，一种是不能纺成纱线的。

7 将可以纺成纱线的纤维，通过机器纺成纱线，并织成新的布料。

8 不可纺纱的纤维，则可以直接处理生成绒状再生棉，用于制造大棚保温被等低端产品。

小实验：棉布条变成神奇搬水工

哈哈，想不到，一根普普通通的棉布条，竟然可以不通过任何外力的帮助，就把水挪到别的地方！不信吗？那就一起来做实验，看看它的无声表演吧！

实验步骤

1 准备三个玻璃杯，左右两个杯子里倒入清水。

— 材料 —
玻璃杯、水、色素、棉布条（也可以用纱布）。

3 把两个棉布条分别搭在相邻的两个杯子之间。

2 分别往有水的两个杯子里加入蓝色和红色色素。

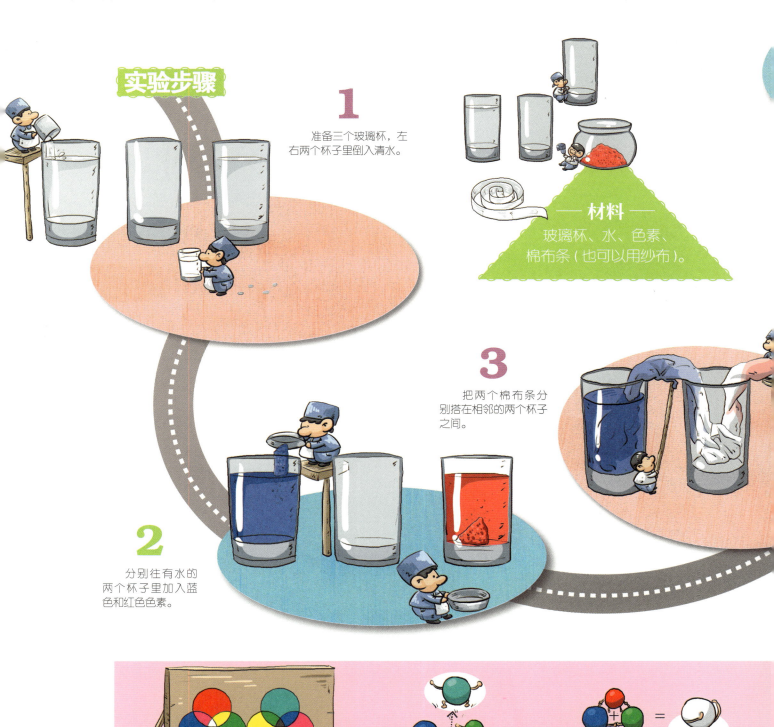

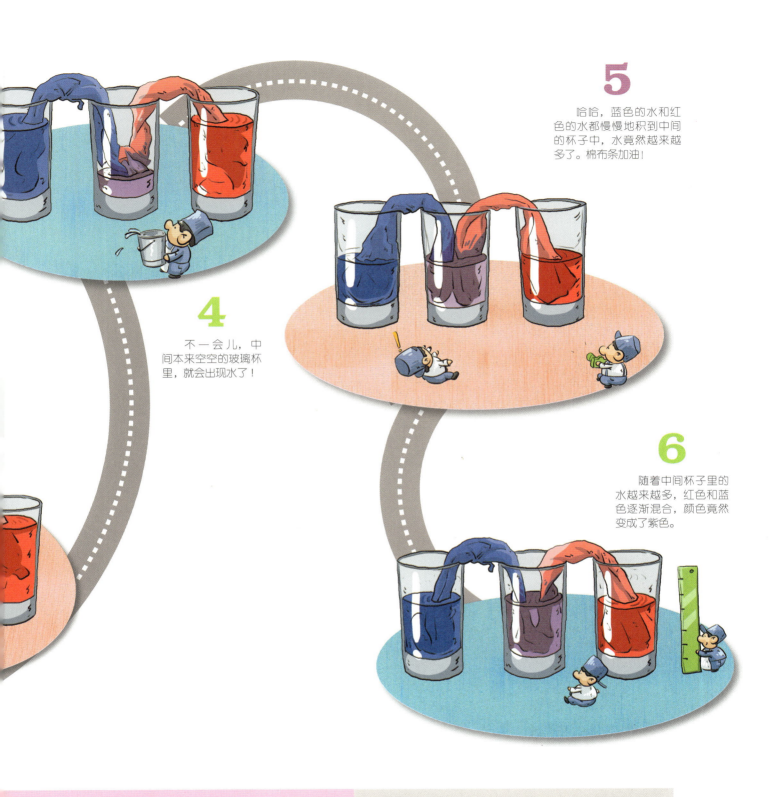

5

哈哈，蓝色的水和红色的水都慢慢地积到中间的杯子中，水竟然越来越多了。棉布条加油！

4

不一会儿，中间本来空空的玻璃杯里，就会出现水了！

6

随着中间杯子里的水越来越多，红色和蓝色逐渐混合，颜色竟然变成了紫色。

实验揭秘

1. 棉布条的纤维具有吸水性，它会把两边杯子里的水吸到中间的杯子中。当三个杯子里的水一样多时，水就不再流动了。

2. 中间的杯子里的水变紫色，是因为蓝色和红色的水混合的缘故。自然界中，红黄蓝是基本色，也就是三原色，以不同比例将原色混合，就可以产生其他新颜色。

精灵布布成长相册

我和我的小伙伴曾经到世界各地区旅行，在旅途中遇到和听说了很多有趣的故事……

1 会发电的服装

加拿大多伦多大学的科研人员发明了一种薄片状、易弯曲的太阳能储存器，其光电元件可以捕捉阳光中的红外线辐射，将其转化到储存器上。未来有可能用衬衫给手机进行充电啦。

2 能播音乐的滑雪服

德国一家集成电路制造商推出一种新型滑雪服，它可以下载并播放音乐，使滑雪者不必再携带一台音乐播放器。

3 能抓毛贼的地毯

德国一家公司设计的智能地毯有多种功能，其中一项功能是放在门口，可以记录盗贼的鞋印，是不是很神奇呢？

4 发热手套

一副能产生热量的手套，对飞向太空的航天员和在南极考察的科学家都是十分有用的工具。嵌入传导纤维的发热手套比植入电线的发热手套更耐用，也更安全。

5 吸收毒素的棉布

美国科学家展示了一款新成分的棉布，这种棉布能够保护人类免受纺织生物和化学毒素的侵害。据了解，该无纺棉布中间加入了一层很薄的碳片，它能够限制和吸收化学武器和杀虫剂中的有毒化学物质。

6 维生素纺织品

用含有可生成维生素C的物质的纺织产品和附着维生素E缓释性微胶囊的纺织产品，制成贴身穿的紧身衣，被称为"穿的维生素"。